U0046162

# 欸，好奇怪！
# 但我喜歡

### 奇妙又有趣的動物冷知識，
### 讓你腦洞大開又噗哧一笑

帽帽 —— 著

**序　身而為人，我們可以做更多**

　　哈囉大家好，我是帽帽！

　　你知道嗎？2020 年 5 月 23 日，在印度南部 Kerala 城邦有一頭懷孕的野生母象，被認為吃下塞滿爆竹的鳳梨，而不幸傷重死亡。

　　當時許多國內外藝術家以「As a human, I am sorry.（生而為人我很抱歉）」為題創作，緬懷逝去的大象媽媽與寶寶，也喚起對於野生動物的保護意識。

　　這本書就是因此而生。

　　其實不只上述事件，在泰國、非洲、印度等國家，都會遇到人類與野生動物的衝突，人們為了保護自己的農作物或經濟財產，而選擇用捕獸夾、水果炸彈等驅離動物，造成動物重傷甚至死亡。

　　而我們熟悉的動物明星獅子、老虎、大象、犀牛，也因為棲息地減少與盜獵因素，居然都瀕臨滅絕，很有可能我們的後代再也看不到！

　　也許這些聽起來距離我們很遙遠，但其實在台灣也會有人類與野生動物衝突的例子，例如會跟人搶外送搶食物的台灣獼猴、登山客被水鹿攻擊等等。台灣最後的

原生貓科動物石虎，也因為農作物上的農藥或環境用藥，而慘遭毒殺，在許多次的人獸衝突中漸漸消失。

連台灣都會發生這樣的事情，可想見在生活區域就會出現象群的國家，一踏進自家農地就損失慘重。

面對越來越多人類活動區域與野生動物棲息地重疊的問題，人獸之間也為了生存空間而互相傷害，身為人，我們可以做什麼？

野生動物很難改變牠們的生活習慣，但我們可以透過教育去學習、瞭解動物們的生活習性，進而去做出改變。

我也希望透過我的動物冷知識，讓大家更喜愛這些動物的同時，被喚起動物保護的意識，讓我們都能在這個地球上快樂共存。

# CONTENTS

序 002


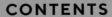

## PART 1 蛤，不可能這麼ㄎㄧㄤ吧？

### 可愛、幽默、反差萌，光是存在就讓人笑出來。


牠們懷胎居然要 2 年！ 012
牠長得像熊，但不是熊 013
超級挑食就是牠們 014
無尾熊為什麼不喝水？ 015
醉倒樹下的ㄎㄧㄤ鳥 016
不會吧，動物也呼麻？！ 017
這樣幫貓咪取名字就對了 018
貓咪為什麼會伸舌頭？ 019
感情豐富的牛 020
大部分的哺乳類都踮腳尖走路？ 021
歐洲野牛這樣投票 022
蜜蜂用跳舞來決定新家 023
大熊貓也會消化不良 024
容易認錯媽媽的動物（？ 025
世界上最小的企鵝是…… 026
企鵝的腿其實很長？ 027
手短怎麼了嗎？ 028
蜘蛛跟《哈利波特》也有關？ 029
療癒的肉球日 030
貓咪的消音功能 031

羊跟牛是同類？ 032

牠到底是羊是馬還是駱駝？ 033

天竺鼠的近親是…… 034

蝙蝠不是一直都倒掛的 035

只能拍黑白照的動物 036

這不是大熊貓吧～ 037

表裡如一的乳牛 038

哇，牠的乳房在腋下 039

人類，不准在我上面！ 040

貓咪踏踏的原因 041

【帽帽帶你看麝香貓】 042

是豬肉界的和牛！ 046

海豹也瘋流行穿搭 047

越大越白的海中生物 048

豎琴海豹可不是一開始就灰灰的 049

不只有獨角獸還有獨角鹿？？？ 050

動物洗泥巴浴好處多！ 051

老虎的瞳孔會變色 052

最愛游泳的貓科動物 053

長得很兇但卻有雙迷你小手手 054

駱駝的示愛方式 055

深水裡的鱷魚會…… 056

牠們會懸在水中睡覺呢！ 057

所謂「命運的後頸肉」 058

貓咪的抱歉睡 059

公豬吸引母豬的味道像松露？ 060

啊～是松阪豬 061

大顆的雞蛋比較營養嗎？ 062

人類最好的朋友 063

貓咪花色與性別的秘密 064

貓和狗的肉球居然是這種味道…… 065

PART

# 2

## 欸，這樣母湯吧？！
### 人類已經很有事，沒想到動物也讓人也毀三觀？

烏鴉超愛記仇！　　　　　　　　　　　068

會吃自己尾巴的動物　　　　　　　　　069

企鵝也來求婚這一套？　　　　　　　　070

龍蝦的求愛法則　　　　　　　　　　　071

因為怕被罵所以吃便便？　　　　　　　072

可愛的兔兔不可能會這樣吧……　　　　073

筆尾樹鼩會飲酒過量　　　　　　　　　074

最需要陪睡的動物　　　　　　　　　　075

蜜蜂對咖啡因深深著迷？　　　　　　　076

有種鳥居然用嘔吐物調情？？？　　　　077

牠們是站著生產的唷！　　　　　　　　078

這種動物有比人類高出 2 倍的血壓　　　079

誰會讓食物玩大怒神？　　　　　　　　080

長頸鹿也吃骨頭欸　　　　　　　　　　081

與暴龍親緣關係最近的動物是……　　　082

母雞的胎教很有效　　　　　　　　　　083

牠們吃喝拉撒全靠嘴　　　　　　　　　084

沒開玩笑，牠們真的用屁在溝通……　　085

實行一夫一妻制的社會性昆蟲　　　　　086

鴛鴦一點也不恩愛啊　　　　　　　　　087

如果把蝸牛的眼睛剪掉……　　　　　　088

科莫多巨蜥膽顫心驚的童年　　　　　　089

珊瑚和魚的關係　　　　　　　　　　　090

長頸鹿喝尿幹嘛啦！？ 091

牠們都用膀胱儲存水份 092

阿德利企鵝其實很陰險？ 093

雄性鹿豚為什麼會活活戳死自己？ 094

乳頭最多的哺乳類動物 095

天然的香草味竟然是…… 096

海參的屁屁居然有生物居住 097

哇，牠們名符其實的吸血吸到爆 098

只要做這件事，雄蚊就想立刻原地結婚 099

鳥類的「螞蟻浴」 100

牠們擁有水中倒立覓食的能力噢！ 101

雌雄鳥都會哺乳你看過嗎？ 102

這種動物的乳汁是紅色的！ 103

青蛙不會咀嚼？ 104

河馬便便的重要功能 105

倉鼠會在頰囊囤…… 106

大象這樣母湯吧～ 107

【帽帽帶你看大象】 108

悲慘的公蜘蛛 110

蜜蜂在空中交配後…… 111

哺乳類動物便便所需要的時間…… 112

找不到伴侶牠們就「自己生」！ 113

吃東西總是趕時間的蒼蠅 114

雄性羊駝對情敵好狠哪～ 115

PART

# 3

## 喔，窩最獨特！

看起來怪怪的又不合邏輯，但這可是我的生存法則。

| | |
|---|---|
| 企鵝也有托兒所 | 118 |
| 牠們冬眠就能減肥 | 119 |
| 狐獴有內建太陽眼鏡？ | 120 |
| 大象可能根本跳不起來 | 121 |
| 蝸牛聞不到自己的便便味 | 122 |
| 抹香鯨的漂浮黃金 | 123 |
| 被誤會的鴨嘴獸 | 124 |
| 原來大熊貓喜歡吃素！ | 125 |
| 沒有舌頭的蛙類 | 126 |
| 北極熊會把吃不完的食物冰起來？ | 127 |
| 分辨長頸鹿性別的方式 | 128 |
| 睡眠時間最短的哺乳類動物 | 129 |
| 自帶釀酒技能的金魚 | 130 |
| 動物世界中頭最大的是…… | 131 |
| 馬來熊的舌頭超級長！ | 132 |
| 你知道企鵝的舌頭有牙齒嗎？ | 133 |
| 單獨飼養牠算是虐待動物喔！ | 134 |
| 要一輩子在一起的燈籠魚 | 135 |
| 牠們在陸地上就嚴重耳包 | 136 |
| 螳螂怕被吃所以…… | 137 |
| 牠們背上的花紋很像品客 LOGO！？ | 138 |
| 綠蠵龜的外表才不綠 | 139 |
| 冬季「沒花鹿」 | 140 |
| 「黑化症」的大型貓科動物是牠 | 141 |
| 水母身體有 95% 都是水 | 142 |

想不到也有動物會少年禿啊～ 143

禿鷹沒有頭髮的原因 144

獅子鬃毛的顏色變深就會焦慮？ 145

【帽帽帶你看獅子】 146

河馬才不是馬 150

丹頂鶴頭上紅紅一片才不是羽毛呢 151

難有自己的生理時鐘 152

有些動物的尾巴是備用糧食？ 153

原來用長長的鼻尖也能求偶 154

星鼻鼴的鼻子超好用 155

恐怖喔～唯一有牙齒的巨蜥 156

就算冰天雪地，牠們也能俐落補食！ 157

牠們毛色越紅異性緣越好 158

銀葉猴總是像抱錯別人家小孩 159

巨嘴鳥吃飯的時候沒辦法低頭滑手機（？ 160

白犀牛不是白色，黑犀牛也不是黑色 161

【帽帽帶你看白犀牛】 162

奇異鳥媽媽辛苦了～ 166

世界上最大的鳥蛋是…… 167

絕對會超意外的北美負鼠乳頭排列 168

咦？斑馬其實不像馬 169

這種動物睡覺做夢時，身體會變換顏色？！ 170

劍旗魚是海中靈活的胖子 171

袋熊的育兒妙方 172

駱駝為什麼可以吃仙人掌？ 173

螳螂的 5 隻眼 174

誰的眼睛是陸地哺乳類動物中最大的？ 175

居然有動物只吃有毒的葉子？誰的尿液聞起來像大麻？
一起猜猜動物都怎麼投票！
大貓熊吃飽睡、睡飽吃是什麼原因？
最能吸引貓咪反應的名字是⋯⋯？
牠們又爲什麼會踩踏主人咧？

# PART 1

# 蛤，不可能這麼ㄎㄧㄤ吧？

可愛、幽默、反差萌，
光是存在就讓人笑出來。

大象媽媽要懷胎 2 年
才會生出小象寶寶唷！

I love you,
Mom.

無尾熊長得很像熊，但不是熊，
分類學上跟袋鼠比較接近，
都是有袋類動物。

而且我們有尾巴！

無尾熊是很挑食的動物，
牠們只吃尤加利樹的樹葉。
但因為尤加利樹的葉子有毒，
所以一天要睡 20 小時排毒……

睡完起來繼續吃～

無尾熊又叫考拉（Koala），
來自澳洲原住民達拉格族的方言，意思是「不喝水」。
因為牠們平時吃的葉子裡面就含有足夠的水分，
所以就不會再去找水來喝了！

我一天要睡 **20** 小時欸，
哪有時間找水喝！

紐西蘭鴿子喜歡在大太陽底下
慢慢享受美味的果實。
只要溫度夠暖、果實夠熟，
牠們就會因為果實發酵後產生的酒精
直接醉倒樹下。

被戲稱大笨鴿、小醉鳥～

Zzzz

鬃狼的尿液聞起來像大麻的味道，
荷蘭的一家動物園曾經發生
誤以為有人在園內呼麻而報警的烏龍事件。

我真的沒有呼啦！

不知道要幫貓咪取什麼名字嗎？
貓咪對「EE」結尾音特別有反應哦，
例如 Rosie、Lilly、新一、結衣，
有機會幫貓咪取名字或與牠們玩耍時，
可以試試看！

給我吃的，
我也會有反應！

當貓咪對身處環境感到安心時，
身體會放鬆，肌肉也會鬆弛，
當舌頭的肌肉都跟著放鬆，
就會出現伸出舌頭的畫面。

ZZzz

牛是情感豐富的動物，
牠們會有最好的牛朋友，
一起吃草時牠們會覺得很愉快，
好朋友不在了也會覺得很難過。

大部分的哺乳類
例如貓、狗、獅子、老虎、馬，
都是踮著腳尖在走路的！

腳跟

腳掌

腳尖

歐洲野牛群要移動時，
會把身體朝向想移動的方向「投票」，
最後由最多牛朝向的方向
決定移動位置！

我想去那邊～

好哇！

蜜蜂準備搬家時，
會先派出一些偵查蜂尋找適合搬家的位置，
之後回巢舉辦「跳舞大會」，
用跳舞來描述新巢穴位置的優缺點，
其他蜜蜂若對新地點滿意也會跳起同一支舞，
之後以最多蜜蜂跳的舞來決定新家的位置！

大熊貓祖先原本是吃肉的，後來改吃竹子，
但牠們的消化系統無法充分消化竹子，
所以常常消化不良。
牠們一天要睡 10-15 小時來減少能量流失，
剩下醒著的時間就是一直吃吃吃吃吃！

吃飽睡、睡飽吃～

剛出生的鴨鴨會把第一眼見到的
較大可移動物體當作媽媽。

世界上最小的企鵝－小藍企鵝。
毛色就如同名字一樣，是夢幻的藍色！

成鳥身高約 **43** 公分，
體重約 **1000** 克。

企鵝其實都是大長腿唷！
只是牠們棲息地寒冷，
需要肥厚的脂肪與羽毛來保暖，
所以大長腿都被藏在裡面了！

南非穿山甲因為前肢比較短，
所以只用後腿走路～
可以用這種姿勢走路也是很厲害！

手短怎麼了嗎？

因為頭上很像戴了一頂《哈利波特》中
用來分類學院的「分類帽」，
所以牠們被命名為「葛萊芬多圓蛛」！

但我想去史萊哲林……

「29」的日文發音與貓狗的腳掌相似，
所以日本網友將每月 29 日訂爲「肉球日」，
並在這天於社群媒體上發布許多肉球的照片，
也會有店家藉此推出肉球商品唷！

臣服於我的肉球吧！

貓咪的肉球有「避震器」的效果，
當牠們從高處一躍而下時，
能幫助牠們減緩壓力。
另外也有「消音」的功能，
讓牠們狩獵時能夠無聲無息接近獵物！

聽起來不錯對吧！

動物分類學中沒有羊科，
所有的羊都被歸類在「牛科」。

We are family ~

草泥馬像羊也像馬，
不過其實牠們是「駱駝科」動物。
也有人稱牠們「無峰駝」。

咩咩咩咩咩咩！

天竺鼠與水豚是近親，
牠們都是「豚鼠科」的動物！

所以我們是
迷你水豚君嗎？

雖然蝙蝠平常都是倒掛休息，
但尿尿時還是要轉成正面……

廢話，
不然會尿到臉！

黑白毛色的馬來貘，
不管黑毛、白毛底下，
都是灰黑色的皮膚唷！

還是只能拍黑白照……

如果把大貓熊的毛剃掉，
會發現白毛下的膚色是粉紅色的，
黑毛下則是白色的唷！

我是誰？我在哪？

黑白相間的乳牛，
毛皮底下的膚色與毛色相對應唷！

我表裡如一哞～

海牛的乳房不在胸部或腹部，
而是在腋下。

這樣方便在水中一邊餵奶，
一邊拖著寶寶移動～

貓掌有大量神經受體，
對壓力與疼痛都非常敏感，
所以跟貓咪玩手手疊疊樂時，
牠們會堅持貓掌一定要在最上面！

不准在朕的上面，
人類！！

你有被貓咪踩踏過嗎？
是不是一種莫名的幸福感呢？
幼貓會去踩踏貓媽媽的乳房，
藉此刺激貓媽媽分泌乳汁，
所以說，牠們這樣是把你當作乳房（！？

這個是肚肚！

帽帽帶你看麝香貓

你聽過「麝香貓咖啡」嗎？

麝香貓咖啡被譽為
「世界最貴的咖啡」！

這種咖啡主要是由麝香貓吃
下咖啡豆，咖啡豆在牠的體
內發酵、去殼，破壞蛋白質，
產生短肽和更多的自由氨基
酸，降低咖啡的苦澀味。

咖啡豆排出體外後，經過清
洗、烘焙，就成了麝香貓咖
啡！也被稱為「貓屎咖啡」。

其實麝香貓是雜食性動物，除了植物的種子、果實，也吃蟲、蛇、鳥、兩棲爬蟲類等。
因此真正野生的麝香貓排出來的糞便，會混雜著各種物質。

為了追求更純粹的麝香貓咖啡，
商人就把歪主意打到麝香貓身上……

麝香貓被囚禁在骯髒狹小的牢籠裡，
並被強迫只能食用咖啡豆！

狹小的空間導致牠們精神
失常，甚至出現自殘行為，
即使營養不良生病了，仍
被持續餵食咖啡豆……

當牠們的價值被消耗殆盡，
就被扔到森林自生自滅，或
賣到動物市場宰殺。

關心動物卻吃肉，
會不會很偽善嗎？

可是……雞排＋梅粉
真的很好吃……

關心動物的時候，最常被問到這種問題～
其實我們吃什麼與關心動物是不衝突的，
即使食用，也不要虐待、濫殺，任何生命
都應該被尊重。

而且除了麝香貓咖啡外，還有很多種咖啡
可以選擇，所以不要為了口腹之慾或虛榮
心作祟，而造成這些動物的痛苦喔。

曼加利察豬身上長有羊毛般的捲毛，
又被稱爲「綿羊豬」。
牠們的脂肪含量高，肉質鮮美 Q 彈，
被譽爲豬肉界的和牛！

披著羊皮的豬～

2016 年研究人員在夏威夷發現一些
年輕海豹的鼻孔卡了一條鰻魚，
研究人員會幫海豹移除鰻魚後放生，
但後來卻發現越來越多海豹鼻孔
都卡了一條鰻魚，
被認爲是海豹之間的一種流行穿搭……

好潮！
我也要去塞一條！

白鯨剛出生的時候是灰色的，
要經過 7-8 年才會變白！

請問你都敷什麼
面膜？

豎琴海豹剛出生時是一身毛茸茸的白色，
兩個禮拜就會換成淺灰色的毛，
並帶有黑褐色的斑紋～

不能這樣可可愛愛
就好嗎？

雄鹿的鹿角每年春季都會自然脫落，
之後再長出一對新的鹿角。
有時候會先掉一邊的角，另一邊還在頭上，
是真正的「獨角鹿」！

動物洗泥巴浴的好處：
1、可以降溫；
2、塗一層泥巴在身上可以防曬；
3、泥巴乾掉後可以防止蚊蟲叮咬。

我們都洗泥巴浴～

誠摯推薦！

剛出生的小老虎眼睛是藍色的，
長大後瞳孔會變成黃色！

因為老虎棲息地都非常炎熱，
為了降溫解熱，
牠們成了最愛游泳的貓科動物～

冷涼卡好～

1905 年首次發現暴龍化石時，
因為只發現牠們的長臂骨，
所以研究人員起初以為牠們是前肢很長
且有三根爪子的猛獸！
直到 1989 年挖到完整化石，
才發現是迷你小手手！？

看我的小手手攻擊！

雄性單峰駱駝的上顎
有一個可充氣的軟組織，
充氣後會膨脹成一個粉紅色的肉囊，
雄駱駝會露出肉囊、口吐白沫
向雌駱駝示愛～

我愛妳欸～

鱷魚在較深的水域，會直立懸在水中。
因為跟浮在水面相比，
妥協於地心引力垂著更輕鬆！

這水很深！

海豹是用肺呼吸的，
雖然可以長時間待在水中，
但還是需要浮出水面呼吸。
當牠們在水中睡覺時，
會直立懸在水中，方便呼吸～

Zzz~

貓咪的後頸被稱為「命運的後頸肉」，
抓住牠們的後頸，
牠們就會一動不動，任人擺布～

小時候也被媽媽
咬著後頸移動……

如果睡覺的地方太亮，
貓咪就會把臉埋進前腳睡覺，
這被稱為「抱歉睡」。

Zzz

松露是一種生長在地下的菌菇，
在美食界是高檔食材，
其散發出來的氣味與公豬吸引母豬的氣味相似，
所以以前松露獵人是訓練母豬來找松露的，
但母豬挖到松露後第一件事是先吃掉！
之後才改獵犬取代……

松阪豬不是來自松阪，
而是豬臉頰連接下巴的肉，
這塊肉叫做松阪豬，是為了表示：

這裡的肉跟松阪牛
一樣好吃！

大顆的雞蛋比較營養嗎？
其實雞蛋的大小與母雞的年齡有關，
母雞越大，產下的蛋就會越大，
但其營養不如年輕的雞，
蛋殼也會比較薄。

狗狗與飼主凝視時，
雙方體內的後葉催產素會上升！
這種反應跟媽媽與小孩互動時類似，
有助於建立信任、維繫感情，
果然狗狗是人類最好的朋友！

看屁看～

三色花貓有 99.9% 都是母貓！

橘貓則有三分之二
都是公貓！

如果去聞貓或狗肉球的味道，
會有玉米或爆米花的香味，
那其實是因為肉球上聚集大量的細菌
而產生的味道唷！

喵～

長頸鹿喝尿幹嘛啦！？阿德利企鵝其實也很陰險噢？
有種鳥居然用嘔吐物調情？？？？？？
而誰的體內酒精是人類飲酒過量的 60 倍呢～
還有還有，雌蚊只要做這件事，
雄蚊居然會立刻想跟牠們原地結婚……

# PART 2

## 欸，這樣母湯吧？！

人類已經很有事，
沒想到動物也讓人也毀三觀？

烏鴉對人臉擁有極佳記憶力，
如果你欺負過牠，
牠可以記仇長達 3-5 年，
並伺機攻擊你報仇！

還會烙夥伴來報仇！！

遇到敵人而斷尾求生的蜥蜴，
如果尾巴沒被吃掉，
會自己跑回去吃掉尾巴！

斷都斷了，
不吃白不吃～

雄性企鵝遇到喜歡的雌性企鵝時，
會找一顆漂亮的石頭送給她求婚唷！

**Would you marry me?**

雌龍蝦若遇上喜歡的雄龍蝦，
就會連續好幾天到牠家外面尿尿吸引牠（？

不要再來我家尿尿了！

狗狗如果不小心在家便便，
會因為害怕被責備，
而把便便藏起來或直接吃掉。

當作冰淇淋吃掉吧……

兔兔會吃自己的便便！？
這是因為兔兔第一次排出的便便
是沒有消化完全的軟便便，
再吃掉一次可以獲取更多營養，
第二次排出來的硬便便牠們就不吃了。

好吃一直吃！

筆尾樹鼩是動物界的酒鬼，
牠們每晚有 138 分鐘的時間
都在啜飲玻淡棕櫚花蜜的天然啤酒，
體內酒精是人類飲酒過量的 60 倍！

不過我們千杯不醉！

斑馬不敢自己睡覺，
因為野外有很多掠食者，
牠們需要與同伴輪流站哨，
才能安心入眠。

今晚誰要陪我睡覺？

吃過含有咖啡因花蜜的蜜蜂，
會對咖啡因深深著迷，
還會推薦給其他蜜蜂夥伴。
研究顯示蜂巢附近有含咖啡因花蜜，
蜂蜜的產量會下降 15％……

這個超讚！

白額亞馬遜鸚哥在調情時，
雄鳥會將嘔吐物吐進雌鳥嘴裡。

我們的愛情，你不懂……

長頸鹿媽媽很高，腿長約 2 公尺，
加上牠們都是站著生產的，
所以長頸鹿寶寶剛出生就先摔 2 公尺！

好痛……

長頸鹿的心臟距離腦袋非常遙遠，
需要用上比人類高出 2 倍的血壓，
才能將血液打上去！

我們都高血壓～

長頸鹿跟牛一樣是有 4 個胃的反芻動物，
會將胃裡的食物倒流回口腔內再次咀嚼！

食物根本在玩大怒神？！

長頸鹿也會吃骨頭，
而且高的長頸鹿比矮的更愛吃！

好吃一直吃～

與暴龍親緣關係最近的動物是雞，
雞、香蕉與果蠅也都與人類有 60% 左右
相同的基因！

母雞聽古典音樂下蛋時，
會比平常多 20% 的產蛋量，
雞蛋也會比平常大 20-30%！

水母的嘴巴與肛門共用同一個孔，
珊瑚、海葵也是。

吃喝拉撒全靠嘴～

鯡魚可以靠放屁與同伴溝通。
如果單獨飼養一條鯡魚時，
牠們幾乎不放屁。

哈囉你好嗎？

是在哈囉？

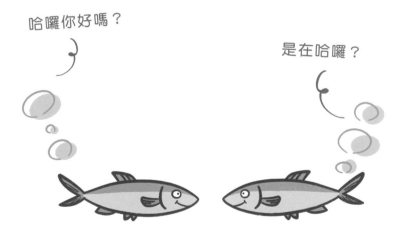

社會性昆蟲如螞蟻、蜜蜂，通常是一妻多夫制，
且大多雄性在交配後便精盡蟲亡。
白蟻是少數實行一夫一妻制的社會性昆蟲，
且彼此還會相伴十幾年直到生命盡頭。

我愛你欸～

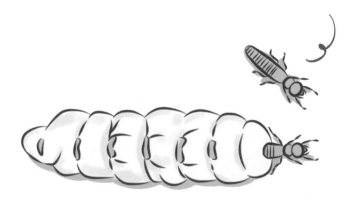

鴛鴦自古就被認為是夫妻恩愛的象徵，
不過事實上雄鳥只有在求偶時，
才會對雌鳥百般獻殷勤。
任務結束後雄鳥便拍拍屁股走人，
剩下築巢、孵蛋、養育子女
都由雌鳥獨自承擔。

Bye～

這段感情
只有我在付出！

如果把蝸牛的眼睛剪掉，
3 天後就會慢慢長回來。

等等，
沒事幹嘛剪我眼睛啦！

科莫多巨蜥童年都是在樹上渡過的，
避免被自己爸媽吃掉……

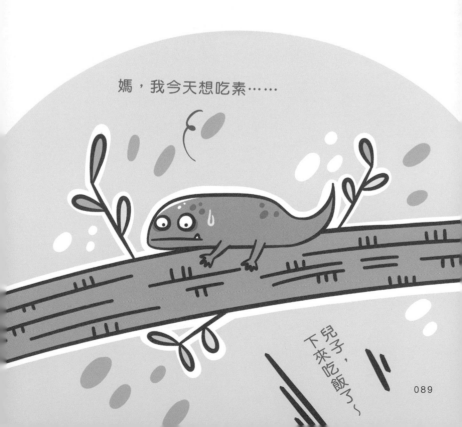

媽，我今天想吃素……

兒子，下來吃飯了～

珊瑚是喝魚的尿尿長大的！
魚的尿液中含有氮、磷等營養素，
珊瑚能夠靠這些營養素
保持健康並更美麗～

謝謝你們尿尿給我喝～

雄性長頸鹿會喝雌性長頸鹿的尿，
來判斷牠有沒有排卵。
而雄鹿要偵測到雌鹿可受孕才會交配！

沙漠地鼠龜生活在水源匱乏的沙漠，
所以有機會補充水分時，
牠們會將水儲存在膀胱，
缺水時就可以重新吸收再利用了！

那不就是喝尿！？

阿德利企鵝下水捕魚前，
會趁夥伴不注意把牠踢下水，
確定夥伴沒有被虎鯨吃掉
才會安心跳入海中捕魚～

有被吃掉嗎？

好吃嗎？

雄性鹿豚有兩對獠牙，
上方的獠牙會向後彎曲生長，
一些鹿豚沒長好，
一不小心就活活戳死自己，
被稱爲「凝視死亡的動物」……

無尾刺蝟是最多乳頭的哺乳類動物，
牠們有 22-24 顆乳頭！
同時也是一次產子最多的哺乳類動物，
正常情況一次可以生 12-15 隻刺蝟寶寶，
最高紀錄一次生產 31 隻！

海狸的肛門腺分泌物與尿液混合後，
會有一種香香的味道叫做「海狸香」，
以前香草口味食品就是用海狸香做的！
但後來供不應求，1980 年後由人工香草取代。

那我就自己吃囉！
嘿嘿～

隱魚住在海參的屁屁裡，
晚上才會出去覓食，有時會偷吃海參的內臟，
還會帶異性來海參屁屁做羞羞的事。

不爽的時候，
還是會把隱魚噴掉！

！？

# 海參的內臟可以再生

蚊子在吸血時，「腹部伸展受體」
會在牠們吸飽血後告訴牠們停止繼續吸血。
科學家實驗破壞這個受體後，
蚊子會不停吸血，直到腹部爆炸而亡！

當雌蚊停下來休息時，雄蚊會忽視牠們，
但雌蚊只要開始飛行發出擾人的嗡嗡聲，
雄蚊會立刻想跟牠們原地結婚！

有些鳥類會用螞蟻來洗「螞蟻浴」，
牠們會躺在蟻丘上，讓螞蟻爬過自己的身體，
螞蟻身上會分泌一些液體，有殺菌的功效，
讓鳥類更健康、羽毛更漂亮！

然後把螞蟻吃掉！

天鵝會頭下屁屁上，倒立覓食！

鴿子是會「哺乳」的鳥類，
鴿爸爸與鴿媽媽都能會泌鴿乳唷！

是口對口餵食～

紅鶴也是會哺乳的鳥類，
牠們的乳汁跟牠們一樣也是紅色的！

一樣是口對口餵～

青蛙有時吃東西需要閉上眼睛，
讓眼球向內收縮，
幫助牠們將食物擠入咽喉，
吞嚥食物～

不會咀嚼食物，都用吞的！

河馬會在水中便便標記領域，
牠們通常一邊便便一邊甩動尾巴，
增加便便涵蓋範圍！

便便噴到的地方，
都是我的國土！

倉鼠會把食物囤在嘴裡兩側的頰囊，
因為牠們會吃自己的便便，
所以便便也是牠們囤在頰囊的食物之一！

這太美味了！
囤起來下次吃！

大象會去挖其他大象屁屁裡的便便來吃～

有吃的嗎？

在一些國家，因為生活圈與
大象棲息地接近，時常發生
人象衝突而造成農作物與經
濟上的損失。

在地人會架起柵欄防止大象
闖入，但小小柵欄對於大象
來說根本脆弱不堪。

最糟的情況是，他們對這些瀕臨滅
絕的巨獸使用捕獸夾或在食物中放
置炸彈，造成無法挽回的悲劇⋯⋯

其實皮糙肉厚的大象，特別
害怕蜜蜂！學家認為可能是
害怕鼻子、眼睛周圍的軟組
織被叮咬。

所以後來與大象相處的人們從中得到啓發，利用蜂巢製作「蜜蜂柵欄」。

除了有效劃分人象空間，也因爲蜜蜂傳授花粉的關係，提高農作物收成！同時也利用蜜蜂收集而來的蜂蜜獲得新的收入來源！

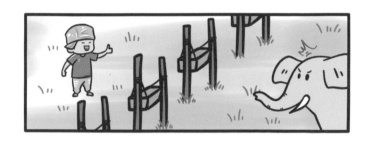

動物沒辦法改變牠們的生活方式，但人類可以透過教育、思考，瞭解動物的生態與習性，進而做出改變。

讓我們與動物們在這個美麗的地球上，一起過得更好吧～

公蜘蛛與母蜘蛛交配後，
公蜘蛛有很高機率會被母蜘蛛吃掉。
有些公蜘蛛學聰明了，
會先準備食物給母蜘蛛吃，
母蜘蛛吃飽後可能就不會吃牠們，
但還是有被吃掉的機率……

都做到這樣了嗚嗚……

蜜蜂在空中交配，
結束後雌蜂會夾住雄蜂的生殖器，
之後快速飛行，
扯斷雄蜂的生殖器！

大部分哺乳類動物
便便時間都約 12 秒左右，標準差是 7 秒！
人類便便時間最長，尤其帶著手機進廁所時……

雌性科莫多巨蜥若找不到伴侶怎麼辦？
答案是「自己生」！
雌巨蜥可以單性生殖，
且生出來多為雄性寶寶！

之後再與自己的寶寶恢復到
「正常生殖方式」！

蒼蠅在食物充足的情況下，
每分鐘要便便 4-5 次。
且蒼蠅將食物吃入肚、吸收養分再便便，
這個過程只需要 11 秒！

快！
再去下一個地方吃！

雄性羊駝與情敵競爭配偶時，
會把情敵的蛋蛋給咬掉！

把蛋蛋還來！！

咩咩咩咩咩咩～

狐獴有內建太陽眼鏡？北極熊會把吃不完的食物冰起來？
不會吧？這種動物睡覺做夢時，身體會變色～
而且想不到也有動物會少年禿啊～～～～
你知道世界上最大的鳥蛋是什麼嗎？
即使上面站了一個人也不會破！

# PART 3

## 喔，窩最獨特！

看起來怪怪的又不合邏輯，
但這可是我的生存法則！

皇帝企鵝父母外出去捕魚時，
幼鳥會成群聚在一起，以便在寒冷中取暖。
也會有一隻較為年輕的企鵝照顧牠們，
這種行為被稱為「企鵝托兒所」。

應該會抓一條魚
給我吃吧？

棕熊冬眠結束後，
體重會減輕三分之一！

所以冬眠前
把自己吃很胖～

狐獴眼睛周圍有黑色的暗斑，
具有類似太陽眼鏡的功能，
讓牠們在豔陽高照下
可以看清楚前方的景物。

很早睡了，
還是有黑眼圈……

大象是最重的陸地動物，如果牠們跳起來，
可能會因爲無法承受體重而受傷甚至骨折。
不過根據牠們骨骼架構與軟弱的小腿肌，
大象可能根本跳不起來！？

還是不要亂跳好了……

蝸牛的呼吸孔和便便孔都長在背上，
而且距離很近。
不過還好牠們的嗅覺不在呼吸孔附近，
所以聞不到便便味。

每次便便都會大在自己身上……

龍涎香主要作為香水的定香劑，
也作為藥物使用，數量稀少且價格高昂，
外觀是蠟狀硬塊，其實是抹香鯨吃下
無法消化的東西後，在腸道內被分泌物包覆形成
之後排出體外的便便硬塊。

牠們的便便被稱為
「漂浮的黃金」！

以前的動物學家以為
鴨嘴獸是海狸被裝上鴨嘴的惡作劇，
甚至想把鴨嘴獸的鴨嘴拔掉……

**真的是我的嘴巴啦！**

大貓熊是雜食性動物，
雖然牠們具備肉食動物的生理特徵，
但因為演化過程中基因失活，
而無法感受肉味的鮮美，
所以更偏好吃素。

吃素也不錯啦……

非洲爪蟾從蝌蚪到成蛙一生都生活在水中，
牠們沒有舌頭，所以無法像一般蛙類
可以伸出舌頭捕食獵物。

取而代之的是自己
用手去抓來吃～

北極熊會把吃不完的食物用積雪埋起來，
等哪天餓了再挖出來吃～

可以冰的地方越來越少了……

長頸鹿可以從頭上的鹿角來分辨雌雄。
雌長頸鹿的鹿角上有黑色的毛，
雄長頸鹿則沒有。

鹿角本身就有
覆蓋黃色的毛髮～

野外的長頸鹿是睡眠時間最短的哺乳類動物，
一天平均只睡半個小時。

而且是站著睡，
遇到敵人跑比較快～

魚類在缺氧的環境下，
最終會因爲乳酸堆積過多而死亡。
金魚卻可以將乳酸轉化爲乙醇（酒精）
然後從鰓排出體外，
讓牠們可以在缺氧的環境下存活好幾個月。

自帶釀酒技能，
口感如何就不好說了…

抹香鯨的頭是動物世界中最大的，
全身有三分之一都是頭，
頭部重量也佔了全身的三分之一！

大頭大頭，下雨不愁～
可是我在海裡，
好像沒差……

馬來熊是熊家族中，體型最小的熊。
與其他熊不一樣的是，
牠們有一條 20-25 公分長的舌頭，
便於在樹洞或縫隙中捕食昆蟲。

身高約 **120-150** 公分。

企鵝的上顎與舌頭長滿了像牙齒的倒勾，
因為牠們的食物魚類、磷蝦等，
屬於比較滑潤的動物，
這些倒勾可以幫助牠們順利進食。

金魚是群居動物，
單獨飼養被認爲是變相的「虐待動物」，
瑞士的法律就禁止人民只養一條金魚。

要是一條魚住很孤單……

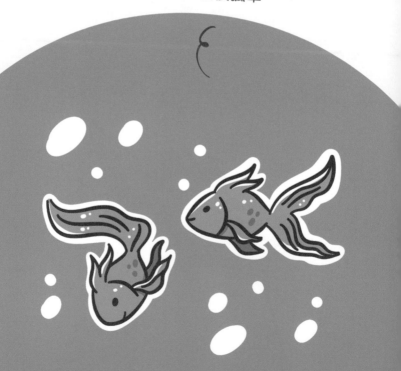

雌性的燈籠魚是雄魚體型的數倍，
雄魚一遇到雌魚，會立即咬住她，
之後就一輩子與雌魚融合在一起。
一隻雌魚身上可以一次擁有很多雄魚！

烏龜的耳朵在頭部兩側的薄膜裡面，
游泳時可以防止耳朵進水，
也可以靠水的波動來感知聲音、捕捉獵物，
但在陸地上接收聲音就不太敏銳。

大聲點，我聽不見～

螳螂的耳朵不能區分聲音的方向或頻率，
只能檢測蝙蝠在發出聲波時，
有沒有將自己定位～

阿我就怕被吃……

耳朵長在雙腿之間，
而且只有單耳！

黑綠鬼蜘蛛背上的花紋很像品客的 LOGO，
牠們又被稱為「微笑殺手」！

我也要吃……

綠蠵龜的外觀其實一點都不綠唷，
綠的是牠們的脂肪！
因為牠們都吃海藻、海草，
堆積了許多葉綠素在脂肪裡，
而形成墨綠色的脂肪！

初一吃素、
初二吃素、
初三吃素！

梅花鹿身上有著漂亮的梅花斑點，
但冬季時會隨著換毛而消失，
隔年夏季換毛時才會再換回來！

冬季「沒」花鹿……

黑豹不是獨立物種，
而是「黑化症」的大型貓科動物。
雖然牠們一身黑，但光線充足的條件下，
還是可以從牠們的黑毛中看見斑點！

哇甘達 forever!

水母身體有 95% 都是水，
一旦離開水，很快就會死掉……

不會游泳叫旱鴨子，
那不能離開水叫什麼？

齒鯨剛出生有毛髮，
因為幼鯨還沒有脂肪可以保暖，
這些毛髮有保暖的功能。
但當牠們開始喝母乳產生脂肪時，
毛髮就會脫落了！

我不想少年禿……

禿鷹的頭不只禿，還防水！
這是因爲禿鷹是食腐動物，
牠們經常把頭伸進動物屍體裡吃肉，
若頭頂有羽毛沾到血肉，
容易滋生細菌引發疾病！

我禿了，也變強了！

雄獅年輕時鬃毛顏色較淡，
這時候是牠們狩獵巔峰！
但成熟後鬃毛變深，使牠們容易被獵物發現，
就會大幅降低狩獵的成功率。

髮色越來越深了，
好焦慮……

帽帽帶你看獅子

說到動物之王，
你會想到什麼動物呢？

?? 

受影視影響，會最先
想到「獅子」吧！

獅子身為食物鏈頂端之一的獵食者，
也是唯一群居的貓科動物。

引領獅群的雄獅，
儼然有一種王者風範！

不過即使身為頂級掠食者的獸王，仍因為棲息地減少與獵殺等因素，而逃不過瀕臨滅絕的命運！

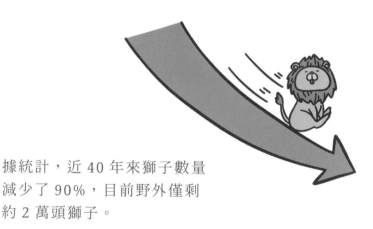

據統計，近 40 年來獅子數量減少了 90%，目前野外僅剩約 2 萬頭獅子。

科學家認為獅子可能在 2050 年時完全滅絕！很有可能我們的後代再也看不到獅子了！

我身上有錢的味道？

而與獅子同為頂級掠食者的老虎，生危機似乎比獅子更為艱難！

牠們特別的皮色可以幫助牠們在狩獵時隱蔽自身，增加狩獵的成功率，卻也因華麗的毛皮而成為盜獵者的目標！

近 50 年来，老虎的數量從 10 萬隻下降至今不到 4000 隻，且人為飼養可能還比野外的老虎還多。

科學家也認為老虎很有可能在 10 年內滅絕……

其實除了獅子與老虎外，還有很多我們熟悉的動物明星們，都面臨生存危機。這些動物們正因為氣候變遷、棲地減少與盜獵因素，而離開我們⋯⋯

會開始畫動物冷知識，本來是因為動物與我們人類的反差，好奇怪，但我喜歡～
但現在，則希望能夠藉由這些有趣的動物冷知識，喚起大家對於動物的保護意識。

雖然河馬的名字有「馬」，
但牠們其實不是馬，
牠們是從鯨魚與海豚演化而來的！

丹頂鶴頭上紅紅一片，其實不是羽毛，
而是一顆一顆的肉瘤！

求偶或興奮時，
肉瘤會充血變大喔！

雞有自己的生理時鐘，
即使讓牠們身處全黑的環境，
到了凌晨時也一樣會雞啼！

咕咕咕～起床囉！

有些動物如鴨嘴獸、鱷魚、狐猴等，
會將脂肪儲存於尾巴，
沒有東西吃時，就消耗尾巴的脂肪
來獲取養分與能量！

原來是備用糧食的部份！？

皮諾丘雄蛙有長長的鼻尖，平常是下垂的。
當牠們要吸引雌蛙時，
鼻子會很老實的膨脹變大並向上翹起（？

呱～

星鼻鼴會在離地不遠的地底挖掘隧道來覓食。
牠們的鼻尖周圍有 22 隻觸手，
讓牠們能夠在黑暗的環境中
快速找到獵物並捕食。

世界上 26 種巨蜥中，
科莫多巨蜥是唯一有牙齒的，而且牠們有毒，
咬到獵物後就會一直緊跟其後，
直到獵物越來越虛弱才將其捕食。

在冰天雪地的北極，雪狐仍可以透過
氣味與聲音判斷埋藏於雪地裡的鼠窩。
牠們會高高躍起，藉由下降的力道，
用雙腳（怎麼看都像是用臉……）壓塌鼠窩，
將獵物一網打盡。

麥×勞歡樂送！！

紅鶴原本的羽毛是灰白色的，
因為食用含有類胡蘿蔔素的浮游生物與藻類，
所以讓牠們有鮮紅色的羽毛。
越紅的紅鶴代表越健康，
也越容易得到異性的青睞！

從小就要學習獨立……

銀葉猴小時候毛色是橘黃色，
長大後則會轉為銀灰色。
看起來很像抱錯別人家小孩⋯⋯

我才不是外面撿來的！

巨嘴鳥吃飯的時候沒辦法低頭滑手機（？
因為牠們嘴巴太長、舌頭太短，
導致無法吞嚥鳥嘴尖端的食物，
所以吃東西都必須抬頭，讓食物掉進嘴裡吞嚥。

落枕就慘了……

非洲有兩種犀牛，一種叫白犀牛、
另一種是黑犀牛，但白犀牛不是白色的，
而是黃棕色與灰色之間，
黑犀牛也不是黑色的，
體色只比白犀牛深一點而已。

黑犀牛

白犀牛

帽帽帶你看白犀牛

白犀牛不白，為什麼被叫白犀牛？

牠們命名由來的說法很多，常見的
說法是白犀牛的「白」是來自於荷
蘭語的「wijd」，意思是「寬」。
因為白犀牛的上唇較寬，黑犀牛則
呈現三角形。

而之後說英語的人將「wijd」
誤譯為「white」，即「白」。
為了區別，所以另一種犀牛
就被叫「黑」了。

帽帽還找到另一
種有趣的說法～

由於非洲氣候炎熱，動物們喜歡泡泥
巴浴降溫。白犀牛因為身上乾掉的
巴灰灰白白的，而被誤認為白色
聽起來蠻有道理的！？

其他資料中也有說法是，黑犀牛的命名是因為「牠們喜歡泡泥巴浴，濕泥巴讓牠們體色看起來較深而被誤認為黑色」。

那我是要乾不乾？

全世界有 4 屬 5 種犀牛，其中白犀牛又分為南白犀與北白犀兩個亞種。

除了南白犀外，其他犀牛皆瀕臨絕種。

163

犀牛會瀕危，關鍵就是牠們的犀牛角！
有人認為犀牛角有神奇藥用價值，有人則把牠作為藝術品供奉。

現在有很多動物保護團體會以「為犀牛去角」的方式，幫助犀牛躲過盜獵者的殺害。
去掉犀牛角時，只要保留根部8公分，並處理好傷口，犀牛是不會死亡的，且一年還會再長10公分！

但盜獵者往往是連根拔起，因為越長的犀牛角能賣到更好的價錢……

大象的象牙，也面臨著類似的問題。

其實現在很多研究指出，犀牛角與象牙並沒有特別的醫學療效。醫學上也有很多更優於象牙、犀牛角的醫療資源。

你也覺得犀牛角是很美的藝術品，想收藏觀賞嗎？

其實犀牛角在犀牛頭上的時候，才是牠們最美麗的樣子！

奇異鳥與雞的體型差不多，
但奇異鳥的蛋是雞蛋的 6 倍大！
光一顆蛋就占據雌鳥身體 20％，
生產前身體很多空間會被蛋壓縮，
甚至無法吃東西。

終於卸貨了……

鴕鳥蛋是世界上最大的鳥蛋，
不只大也很堅固，
可以承受 100 公斤的重量，
即使上面站了一個人也不會破！

但為了鴕鳥蛋安全，
還是不要輕易嘗試……

北美負鼠有 13 顆乳頭，
有趣的是排列方式為 12 顆乳頭圍成一圈，
最後 1 顆在中間～

斑馬與馬相比，其實更像驢，
但與馬、驢不同，
斑馬並沒有被人類真正馴服過。

我就不想被騎～

章魚睡覺做夢時，
身體會隨著夢境不斷變換顏色～

Zzz

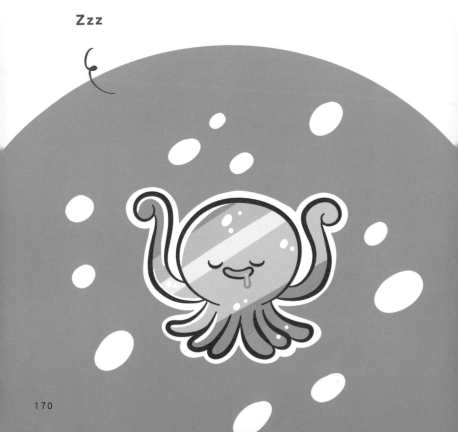

劍旗魚胖到出油，
這些油卻讓牠們減少了游泳的摩擦阻力，
成為游泳速度最快的魚！

我是靈活的胖子！

171

袋熊跟袋鼠一樣是有袋類動物，
但與袋鼠不一樣的是
牠們的育兒袋袋口是向後開的！
因為袋熊會掘土挖洞，
袋口向後開，掘土時泥土就不會噴進育兒袋裡了！

我不是便便唷！

駱駝可以吃仙人掌，
因為牠們的口腔構造
讓牠們不會被仙人掌的針葉刺傷！

沙漠也沒什麼好吃的……

螳螂有 5 隻眼睛，
除了頭部兩端的 2 顆複眼外，
頭部中間還有 3 隻單眼！

這 3 隻眼睛只能感知光的強弱，
看不到東西。

馬的眼睛是陸地哺乳類動物中最大的，
牠們看到物體的大小
是人類看到的放大 50 倍！

可以看到很遠的東西，
但距離感卻不好～

高寶書版集團
gobooks.com.tw

CI 156
**欸，好奇怪！但我喜歡**
奇妙又有趣的動物冷知識，讓你腦洞大開又噗哧一笑

作　　者　帽帽
主　　編　楊雅筑
封面設計　黃馨儀
內頁排版　賴姵均
企　　劃　鍾惠鈞

發 行 人　朱凱蕾
出　　版　英屬維京群島商高寶國際有限公司台灣分公司
　　　　　Global Group Holdings, Ltd.
地　　址　台北市內湖區洲子街88號3樓
網　　址　gobooks.com.tw
電　　話　(02) 27992788
電　　郵　readers@gobooks.com.tw（讀者服務部）
傳　　真　出版部　(02) 27990909　行銷部 (02) 27993088
郵政劃撥　19394552
戶　　名　英屬維京群島商高寶國際有限公司台灣分公司
發　　行　英屬維京群島商高寶國際有限公司台灣分公司
初　　版　2022 年 10 月

國家圖書館出版品預行編目(CIP)資料

欸,好奇怪!但我喜歡：奇妙又有趣的動物冷知識,
讓你腦洞大開又噗哧一笑/帽帽著. -- 初版. -- 臺
北市：英屬維京群島商高寶國際有限公司臺灣分
公司, 2022.10
　　面；　公分. -- (嬉生活；CI 156)

ISBN 978-986-506-564-5(平裝)

1.CST: 動物　2.CST: 通俗作品

380　　　　　　　　　　　　　　111016586

凡本著作任何圖片、文字及其他內容，
未經本公司同意授權者，
均不得擅自重製、仿製或以其他方法加以侵害，
如一經查獲，必定追究到底，絕不寬貸。
版權所有　翻印必究